MathStart®
洛克数学启蒙 ❹

比零还少

[美]斯图尔特·J.墨菲　文　　　[美]弗兰克·雷姆基维茨　图　　　静博　译

负数

海峡出版发行集团　福建少年儿童出版社
THE STRAITS PUBLISHING & DISTRIBUTING GROUP　FUJIAN CHILDREN'S PUBLISHING HOUSE

献给希瑟，一个从零做起并能达成目标的人。

——斯图尔特·J.墨菲

献给帕姆·布朗，一个企鹅爱好者，并为此感到骄傲的人。

——弗兰克·雷姆基维茨

LESS THAN ZERO

Text Copyright © 2003 by Stuart J. Murphy

Illustration Copyright © 2003 by Frank Remkiewicz

Published by arrangement with HarperCollins Children's Books, a division of HarperCollins Publishers through Bardon-Chinese Media Agency

Simplified Chinese translation copyright © 2023 by Look Book (Beijing) Cultural Development Co., Ltd.

ALL RIGHTS RESERVED

著作权合同登记号：图字 13-2023-038号

图书在版编目（CIP）数据

洛克数学启蒙. 4. 比零还少 / (美) 斯图尔特·J.
墨菲文；(美) 弗兰克·雷姆基维茨图；静博译. –– 福
州：福建少年儿童出版社，2023.9
ISBN 978-7-5395-8249-8

Ⅰ.①洛… Ⅱ.①斯… ②弗… ③静… Ⅲ.①数学 –
儿童读物 Ⅳ.①O1-49

中国国家版本馆CIP数据核字(2023)第074659号

LUOKE SHUXUE QIMENG 4 · BI LING HAI SHAO
洛克数学启蒙4·比零还少

著　者：[美]斯图尔特·J.墨菲　文　[美]弗兰克·雷姆基维茨　图　静博　译
出 版 人：陈远　出版发行：福建少年儿童出版社　http://www.fjcp.com　e-mail:fcph@fjcp.com　社址：福州市东水路76号17层（邮编：350001）
选题策划：洛克博克　责任编辑：邓涛　助理编辑：陈若芸　特约编辑：刘丹亭　美术设计：翠翠　电话：010-53606116（发行部）　印刷：北京利丰雅高长城印刷有限公司
开　本：889 毫米 ×1092 毫米　1/16　印张：2.5　版次：2023 年 9 月第 1 版　印次：2023 年 9 月第 1 次印刷　ISBN 978-7-5395-8249-8　定价：24.80 元

佩里所有的朋友都有冰上滑板车。他们可以嗖的一下滑到学校，再咻的一下滑去溜冰场。富齐能在冰面上轻松地滑出"8"字图案。巴尔迪甚至能做出空翻的动作。

佩里也想拥有一辆滑板车。但佩里的爸爸告诉他，他必须自己攒够9个蛤蜊才能买滑板车。

　　"可我一个蛤蜊都没有。"佩里小声说道，"一个都没有！"

　　星期一的早上，佩里的妈妈说："如果你能修整好门口的冰，我会付给你4个蛤蜊。"

　　"这可是个苦差事。"佩里说。

　　"但你可以赚到很多蛤蜊呀。"妈妈说。

　　佩里一下午都在修整门前的冰。

到了晚上，佩里终于有了属于他的4个蛤蜊。他拿起笔记本，准备在上面画一张图表，用来记录他获得的蛤蜊的数量。

佩里在图表的顶端写下"星期天"和"星期一"，并在图表的左侧标注了蛤蜊的数量。他在对应星期日和0的位置画了一个大圆点，又在对应星期一和4的位置画了一个大圆点。然后，他画了一条线，把这两个点连接起来。

"哇！仅仅一天，我就从0个蛤蜊攒到了4个蛤蜊。"佩里心里乐开了花。

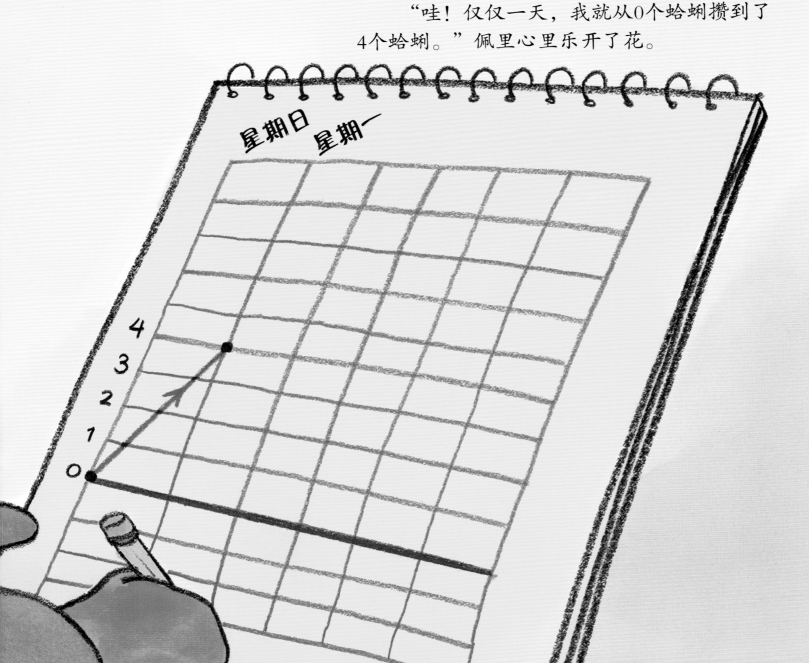

星期二早上，佩里的朋友富齐打来电话："你想去看冰上马戏团的表演吗？门票只要5个蛤蜊。"

冰上马戏团有海豹特技演员和特别受欢迎的北极熊小丑，还有巨大的冰雪冰激凌。佩里太想去了。"可我只有4个蛤蜊。"他对富齐说。

"我可以借你1个蛤蜊，下周还我就行。"富齐说。

冰上马戏团的表演实在太精彩了！

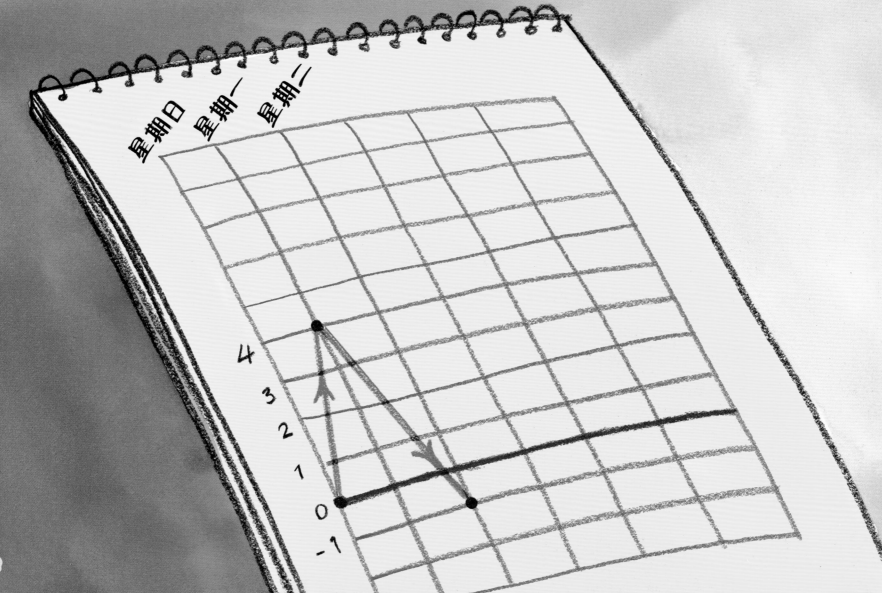

星期日　星期一　星期二

4

3

2

1

0

-1

佩里回到家，拿出笔记本。他不仅花掉了自己的4个蛤蜊，还向富齐借了1个。

他在图表的顶端写上"星期二"，然后从上一个圆点处往下数了5行，表示他花了多少个蛤蜊。他在0的下面写下了–1，接着在对应星期二和–1的位置画了一个大圆点，又从星期一对应的圆点到星期二对应的圆点之间画了一条线。

"天哪"，佩里心想，"我的蛤蜊数量一下从4变成–1，比0还要少！"

第二天滑冰训练结束的时候，学校大门口停了一辆小鱼零食车。佩里的朋友们都踩着滑板车飞奔了过去。

　　"快来，"巴尔迪说，"买条小鱼吃吧。"

　　"可我一个蛤蜊都没有了。"佩里说，"而且我还欠富齐1个蛤蜊。"

　　"没关系，我可以借你2个蛤蜊用来买鱼。"巴尔迪说。

　　佩里无法拒绝美味。"我最喜欢沙丁鱼。"他说。

小鱼的味道实在太棒了。

那天晚上，佩里又拿出笔记本。

佩里再次往下数了两行，表示他从巴尔迪那里借了2个蛤蜊。他在−1下面写下了−2和−3。

他在图表的顶端写下"星期三"，又在对应星期三和−3的位置画了一个大大的圆点，接着用线将星期二对应的圆点和星期三对应的圆点连了起来。

"哦，天哪，"佩里心中暗想，"现在我的蛤蜊数比0少了3！"

第二天早上，佩里没有出门。他的朋友们都在外面玩冰上滑板车。看他们玩实在没什么意思。

　　佩里躺在地板上叹气。这时，沙发下的某个东西吸引了他的目光。

　　是一个蛤蜊！

　　"哇！"他心想，"也许家里其他地方还藏着更多的蛤蜊。"

佩里开始了一场蛤蜊大搜索。他到处翻看——微波炉后面、冷却炉上面，甚至连冰箱里都找了一遍。最后，他一共找到了8个蛤蜊。爸爸说这些蛤蜊全归佩里了。

佩里跑进他的房间，把笔记本拿了出来。

佩里在图表的顶端写下"星期四"，然后向上数了8行，落在了数字5的位置。他在对应星期四和5的位置画了一个大圆点，然后在星期三对应的圆点和星期四对应的圆点之间画了一条线。

"把欠巴尔迪和富齐的3个蛤蜊还回去后，我还剩下5个蛤蜊。"
佩里心里想着，"要是没借那些蛤蜊该多好啊！"

第二天下午，佩里把所有的蛤蜊装进口袋，出门去见巴尔迪和富齐。当他把手伸进口袋时，却发现里面什么都没有！他把口袋摸了又摸，只摸到了口袋上的一个大洞。

"哦，天哪！"佩里很难过，"真是不敢相信，我竟然把8个蛤蜊都弄丢了。"
富齐和巴尔迪也来帮他找蛤蜊，一直找到天都黑了，可他们一个蛤蜊都没看到。

24

回到家，佩里进了自己的房间，难过地拿出笔记本。

　　佩里在图表顶端写下"星期五"，他往下数了8行，在星期五和−3的位置画了一个大大的圆点。

　　他把星期四对应的圆点和星期五对应的圆点用线连起来。

　　"我又回到了星期三的样子。"佩里很不开心。

　　"再见，滑板车。"临睡前，他低声说道。

第二天早上佩里一起床，就发现隔壁的斯派克先生来了他家。

"早上好啊，佩里。"斯派克先生说，"还记得昨天你向我挥手的时候我在铲雪吗？"

"嗯。"佩里睡眼惺忪地回答。

"看看你离开后我发现了什么。"斯派克先生把手伸进口袋，掏出8个蛤蜊递给佩里。

佩里说了"谢谢"后，赶紧跑回房间拿出笔记本。

佩里在图表顶端写下"星期六"，他从底端往上数了8行，在对应位置画了一个大大的圆点。

他把星期五对应的圆点和星期六对应的圆点用线连起来。

把欠富齐和巴尔迪的蛤蜊还回去后，他还剩下5个。

"不但如此，"斯派克先生接着说，"你的父母告诉我，你很想买一辆冰上滑板车，而我正好需要有人帮我铲雪。你还需要多少个蛤蜊？我现在就给你，你可以替我工作慢慢还回来。"

购买一辆滑板车需要9个蛤蜊。

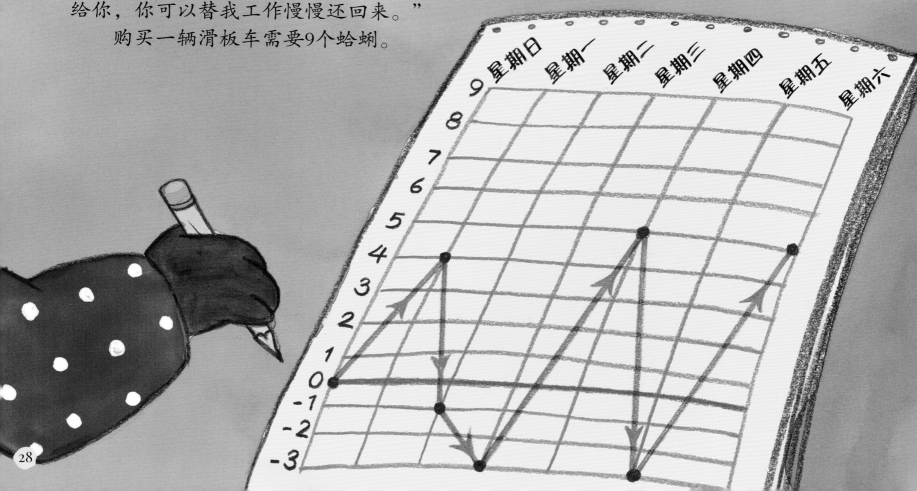

佩里从对应5的位置又往上数了4行，在对应9的位置画了一个大大的圆点，并把两个圆点连起来。

"我还需要4个蛤蜊才能买滑板车。"佩里说。斯派克先生递给佩里4个蛤蜊。"如果你能帮我铲4天雪，那我们就扯平了。"他说。

又到了星期日，小鱼零食车又开始营业了。

"好吃的炸鱼条来了，"海豹店主大声叫卖着，"只要3个蛤蜊！"

"要不要买一份？"富齐问。

"我可以借给你3个蛤蜊。"巴尔迪说。

"不要。"佩里坚定地说，"我已经欠斯派克先生4个蛤蜊了，我的'存款'比零还少。不过我有了一辆崭新的滑板车和一份相当不错的工作。"

佩里踩着滑板车去铲雪了。

写给家长和孩子

《比零还少》所涉及的数学概念是负数。学习负数可以扩展孩子对数字系统的认识，并帮助他们认知与代数有关的概念。

对于《比零还少》所呈现的数学概念，如果你们想从中获得更多乐趣，有以下几条建议：

1. 读完故事后，认真观察书中的图表。让孩子根据图表来复述故事，看看佩里拥有的蛤蜊数量发生了什么变化。

2. 让孩子来扮演佩里，用纽扣或其他小物品来代表蛤蜊，把这个故事演出来。通过改变物品的数量，表示交易时蛤蜊数量的变化，并让孩子绘制一张与故事中所示相似的图表。

3. 创建一个如下图所示的数轴。当你们重读这个故事时，用一个标记（纽扣或硬币）在数轴上记下佩里拥有的蛤蜊数量。把标记放在数字0所代表的位置。当佩里拥有的蛤蜊数量增加时，将标记向右移动到对应数字的位置。当佩里花掉或弄丢了一些蛤蜊时，将标记向左移动到对应的位置。每次移动标记后，向孩子提问："佩里现在有多少个蛤蜊？"

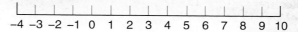

如果你想将本书中的数学概念扩展到孩子的日常生活中，可以参考以下这些游戏活动：

　　1. 记账：让孩子在笔记本上记录他攒下的零用钱的数额，然后让他在花钱时记录每笔开销的具体金额。和孩子一起讨论，当他的零用钱花完后，如果他还想买东西，会出现什么情况。

　　2. 绘制地图：画一张地图，在上面标示从你家到公园或当地某个特定地点的距离。用街区或其他等距离的标志物来标注距离。用记号笔或手指，让孩子在地图上向前"走"两个街区，向孩子提问："我们离公园还有多少个街区？"让孩子向后"走"一个街区，再提问："现在我们离公园有多远？"然后进行下面的活动：把起点（你的家）看作数字0，让孩子试着用负数和正数来描述他离公园或离家有多远。

洛克数学启蒙

1

《虫虫大游行》	比较
《超人麦迪》	比较轻重
《一双袜子》	配对
《马戏团里的形状》	认识形状
《虫虫爱跳舞》	方位
《宇宙无敌舰长》	立体图形
《手套不见了》	奇数和偶数
《跳跃的蜥蜴》	按群计数
《车上的动物们》	加法
《怪兽音乐椅》	减法

2

《小小消防员》	分类
《1、2、3，茄子》	数字排序
《酷炫100天》	认识1~100
《嘀嘀，小汽车来了》	认识规律
《最棒的假期》	收集数据
《时间到了》	认识时间
《大了还是小了》	数字比较
《会数数的奥马利》	计数
《全部加一倍》	倍数
《狂欢购物节》	巧算加法

3

《人人都有蓝莓派》	加法进位
《鲨鱼游泳训练营》	两位数减法
《跳跳猴的游行》	按群计数
《袋鼠专属任务》	乘法算式
《给我分一半》	认识对半平分
《开心嘉年华》	除法
《地球日，万岁》	位值
《起床出发了》	认识时间线
《打喷嚏的马》	预测
《谁猜得对》	估算

4

《我的比较好》	面积
《小胡椒大事记》	认识日历
《柠檬汁特卖》	条形统计图
《圣代冰激凌》	排列组合
《波莉的笔友》	公制单位
《自行车环行赛》	周长
《也许是开心果》	概率
《比零还少》	负数
《灰熊日报》	百分比
《比赛时间到》	时间